看！我们的身体

[法]瓦莱丽·梅纳德　[法]克莱尔·查伯特 著
法国微度视觉　绘
大南南　译

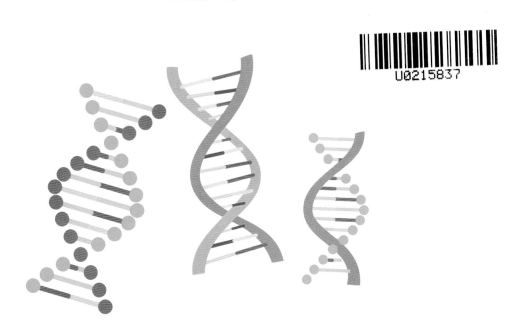

华东师范大学出版社
·上海·

每个人都是相同的，但又是独特的！

地球上有70多亿人，但像你这样的人只有一个！没错，你是独一无二的，即使在人群中，亲朋好友也能轻易认出你来。

不过，你和其他人之间也有许多相同或相似之处，比如，都来自妈妈的身体，都用嘴巴吃东西……

你的基因
gene

有人跟你说过你长得像你妈妈或你爸爸吗？

这太正常了！因为你的父母在孕育你的时候，将自己的一部分外貌特征遗传给了你。

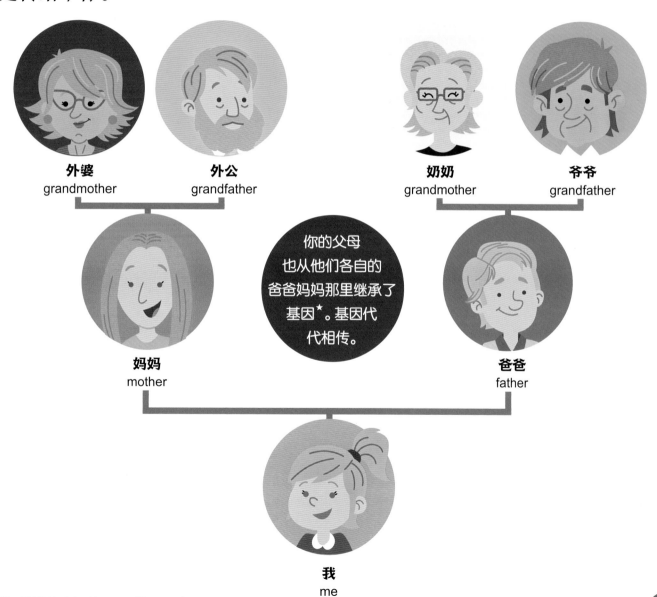

外婆
grandmother

外公
grandfather

奶奶
grandmother

爷爷
grandfather

你的父母也从他们各自的爸爸妈妈那里继承了基因★。基因代代相传。

妈妈
mother

爸爸
father

我
me

带★的词请参阅第48页的词汇表。

胚胎的发育
embryo

　　胚胎*的形态变化很快。它被一个充满液体的囊包裹着，这个囊位于妈妈的子宫*内，会随着胚胎的发育而变大、变长。

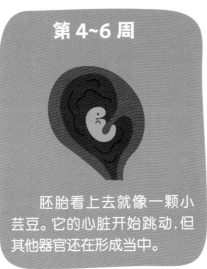

第 4~6 周

胚胎看上去就像一颗小芸豆。它的心脏开始跳动，但其他器官还在形成当中。

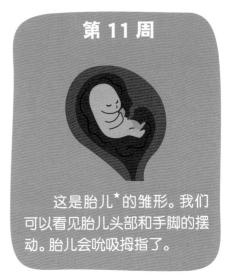

第 11 周

这是胎儿*的雏形。我们可以看见胎儿头部和手脚的摆动。胎儿会吮吸拇指了。

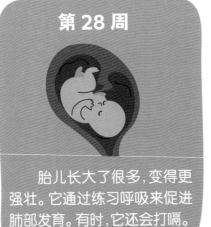

第 28 周

胎儿长大了很多，变得更强壮。它通过练习呼吸来促进肺部发育。有时，它还会打嗝。

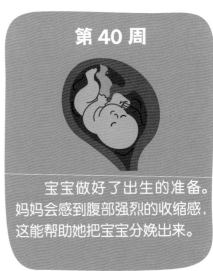

第 40 周

宝宝做好了出生的准备。妈妈会感到腹部强烈的收缩感，这能帮助她把宝宝分娩出来。

宝宝离开母体后吸入了第一口空气，从此开启了他在母体外的生命之旅。

什么是遗传密码？
genetic code

　　你的身体是由几十万亿个细胞*组成的。这些细胞蕴含着你的遗传密码，它们有不同的分工，有的细胞发育成了你的皮肤、肌肉和骨骼，有的细胞则会帮助你对抗疾病……

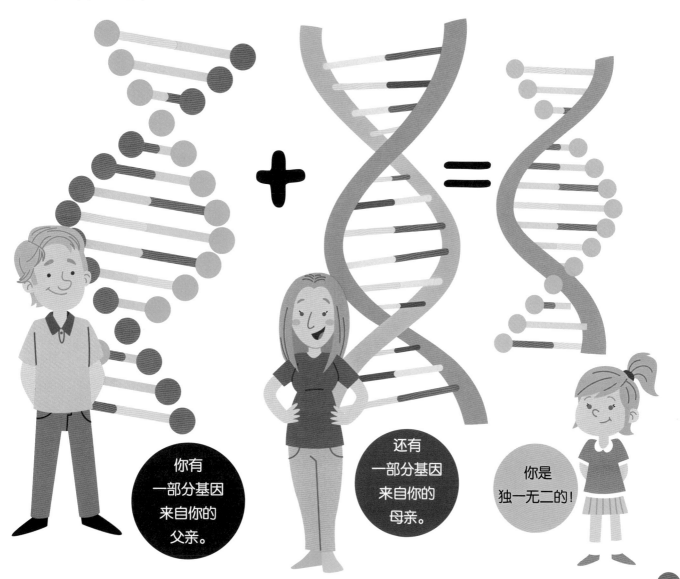

你有一部分基因来自你的父亲。

还有一部分基因来自你的母亲。

你是独一无二的！

生命的第一年
life

宝宝终于出生了！生命的第一年至关重要，宝宝有很多事情要学习。

刚出生的时候，新生儿每天可以睡18个小时。

大约2个月的时候，宝宝开始对周围的人笑。

大约5个月的时候，宝宝会把身边任何能拿到的东西放到嘴巴里。

大约6个月的时候，宝宝开始长乳牙。

大约8个月的时候，宝宝开始到处爬。

大约1周岁时，宝宝会独立迈出第一步。

儿童的发育
growth

1 岁以后，儿童继续快速地发育，成长。

3 岁的小朋友能够骑三轮车。

4 岁的小朋友可以独自一人荡秋千。

5 岁后，乳牙开始脱落。

6 岁的小朋友开始学习识字和写字。

一张独一无二的脸
unique   face

你的脸是独一无二的。人们能通过脸上的器官认出你。

成年后，人的耳朵大约还会变长1厘米。

眉毛
eyebrow

睫毛
eyelash

头发
hair

额头
forehead

眼睛
eye

脸颊
cheek

鼻子
nose

耳朵
ear

下巴
jaw

嘴
mouth

眼睛的形状和大小一生都不会改变。

从头到脚
head   feet

头
head

手指
finger

肩膀
shoulder

手腕
wrist

手肘
elbow

肚脐
navel

膝盖
knee

前臂
forearm

手
hand

手臂
arm

颈部
neck

腹部
abdomen

胸部
chest

大腿
thigh

小腿
shin

脚踝
ankle

脚
foot

脚趾
toe

小裤裤和小背心遮盖的地方不可以随便让人碰。

生长
grow

你现在只是个孩子,但在未来的许多年里,你还会继续成长和变化。身体将发生巨大的改变。

9 岁

6 岁

1 岁

1.3米

1米

0.7米

在生命的第一年里,婴儿的生长速度飞快。

有些骨骼(如手臂和腿部骨骼)的生长会让儿童长高。

儿童在9~12岁期间,会不停地换新衣服,因为他们长高的速度十分惊人!

青春期
puberty

到了青春期*，人的生长速度会进入第二个高峰期。女孩通常会在16岁左右达到她成年后的身高水平，男孩通常会在18岁左右停止长高。

成年人的身高取决于很多因素。一般情况下，你会跟你的父母差不多高。

体现在男孩身上……

体现在女孩身上……

青春期的孩子，声音会发生变化。

出现了胡子。

胸部开始发育。

皮肤
skin

皮肤是人体最大的器官。通过皮肤，你能感受到冷和热、柔软和尖锐，还有疼痛。

黑色素决定了你的肤色。黑色素的含量越高，肤色就越深。

你知道吗?
know

在大多数时候,皮肤可以保护你免受细菌*等微生物的侵害。

一根头发的寿命大约是5年。人每天会掉几十甚至百余根头发。

眼睫毛能阻挡灰尘进入眼睛。

当你感觉热的时候,皮肤会释放出汗水来给身体降温。

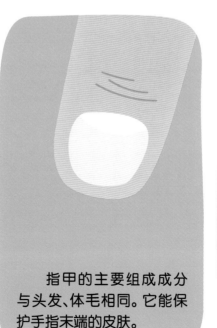

指甲的主要组成成分与头发、体毛相同。它能保护手指末端的皮肤。

皮肤是你身体的保护层。

皮肤长期暴露在阳光下,可能会被晒伤,甚至会出现色素痣*。

身体的
内部构造
internal

1. **气管** trachea
2. **食道** esophagus
3. **心脏** heart
4. **肺** lung
5. **肝脏** liver
6. **胃** stomach
7. **脾脏** spleen
8. **胆囊** gall bladder
9. **胰腺** pancreas
10. **肾** kidney
11. **小肠** small intestine
12. **大肠** large intestine
13. **膀胱** bladder
14. **肛门** anus

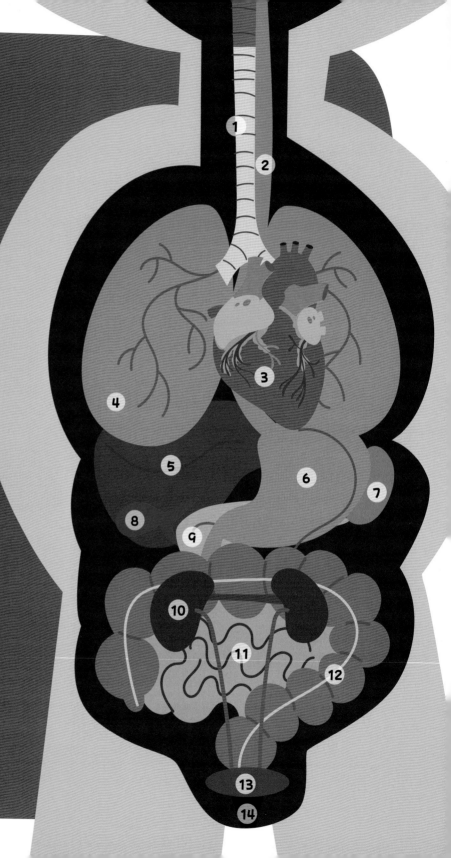

你知道吗？
know

器官是人体必需的组成部分，每个器官都有特定的功能。

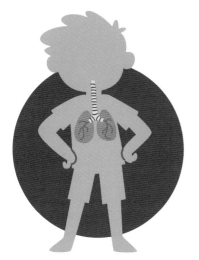

肺具有呼吸功能。它能为身体提供氧气。

心脏的跳动让血液在体内流动。

胃会消化你吃下的食物。

肠道会将你吃的食物进行分解。

肝脏可以消灭血液中的大部分有毒物质。

肾脏会清洁血液并产生尿液。

骨骼
skeleton

成年人的骨骼由206块骨头组成。它们共同保护着身体里的那些重要器官。

颅骨包裹着非常脆弱的大脑。

1. **颅骨** skull
2. **肱骨** humerus
3. **桡骨** radius
4. **肋骨** rib
5. **尾骨** coccyx
6. **股骨** thigh bone
7. **髌骨** patella
8. **胫骨** tibia
9. **腓骨** fibula

镫骨

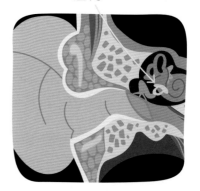

每只耳朵由3块小骨头组成，最小的骨头是镫骨。

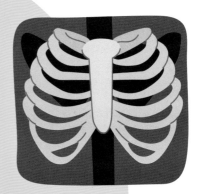

胸廓*保护着肺和心脏。

最长的骨头是大腿上的股骨。

脊柱
spine

成年人的脊柱由26块椎骨组成,这些椎骨从颅骨下方一直延伸到尾骨。

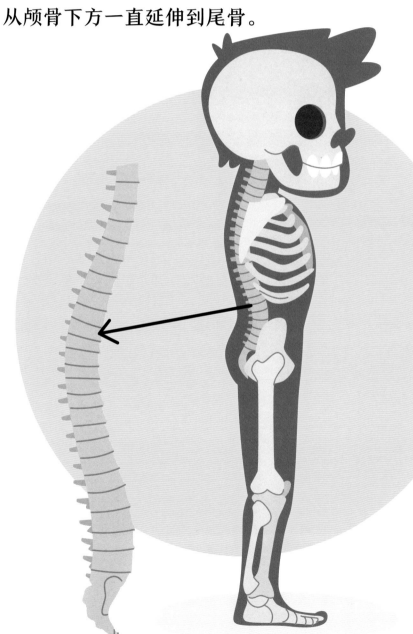

脊柱能让你站立和行走!

脊柱能够让你转动头部和向前倾斜。

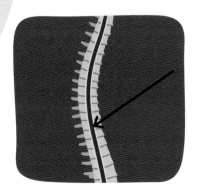

脊髓就像海绵一样柔软!

肌肉
muscle

人体有600多块肌肉。这些肌肉的重量大约占人体重的40%。

1 **额肌** frontalis

2 **胸大肌** pectoral major

3 **腹直肌** rectus abdominis

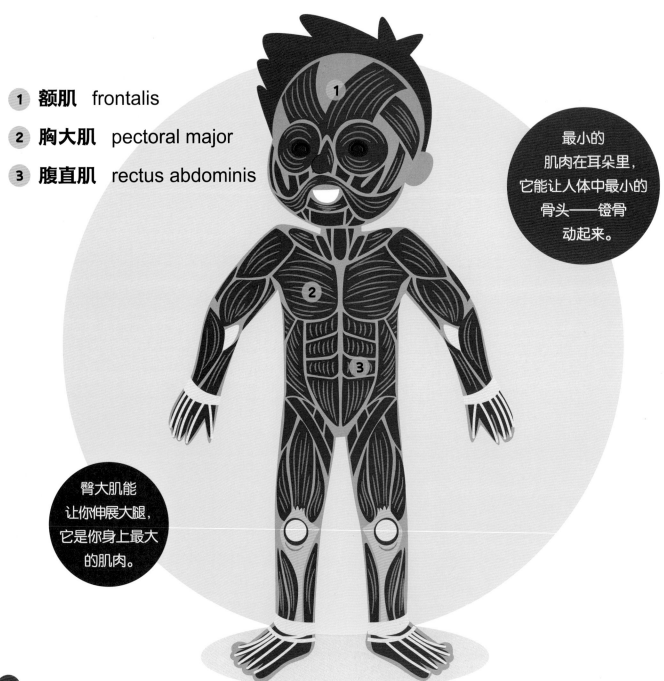

最小的肌肉在耳朵里，它能让人体中最小的骨头——镫骨动起来。

臀大肌能让你伸展大腿，它是你身上最大的肌肉。

有了肌肉，你可以做各种各样的动作。

舌头上也有肌肉，让你可以说话和吃东西！

走路需要用到约200块肌肉。

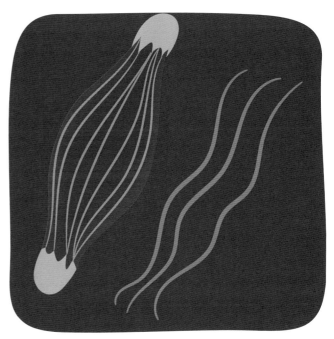

一块肌肉就像一束被捆起来的橡皮筋。

心脏
heart

心脏是具有泵血功能的器官,能让血液流经你的全身,它分为左、右两个部分。

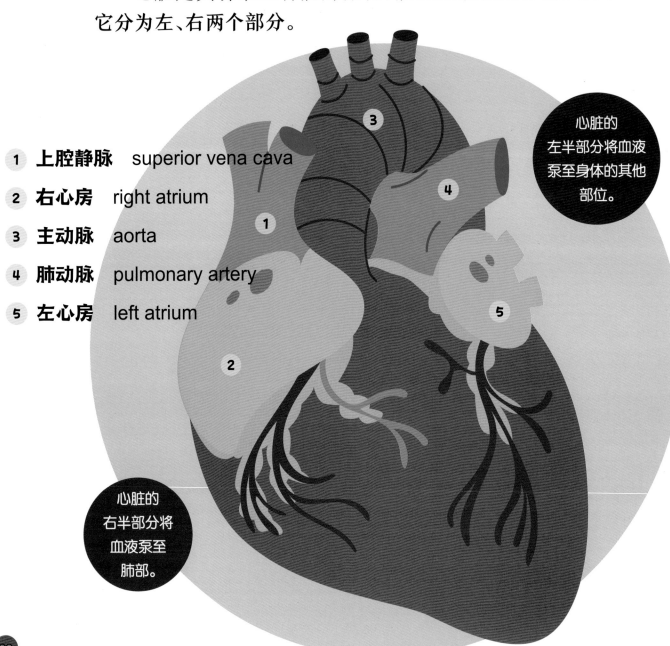

1　**上腔静脉**　superior vena cava

2　**右心房**　right atrium

3　**主动脉**　aorta

4　**肺动脉**　pulmonary artery

5　**左心房**　left atrium

心脏的左半部分将血液泵至身体的其他部位。

心脏的右半部分将血液泵至肺部。

新生儿的心脏每分钟会跳120~140次。

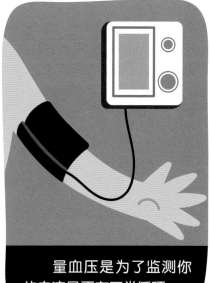

量血压是为了监测你的血液是否在正常循环。

适量的运动和合理的饮食能保持心脏健康。

你知道吗？
know

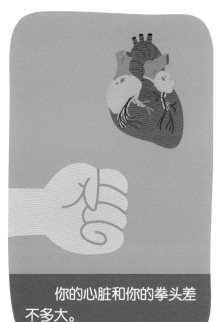

你的心脏和你的拳头差不多大。

当你感到害怕的时候，心脏会跳得更快！

女性的心跳比男性的心跳快。

血液
blood

每个人身体里的血液的重量约是其体重的7%~8%。这种珍贵的液体是由血浆和不同种类的血细胞组成的。

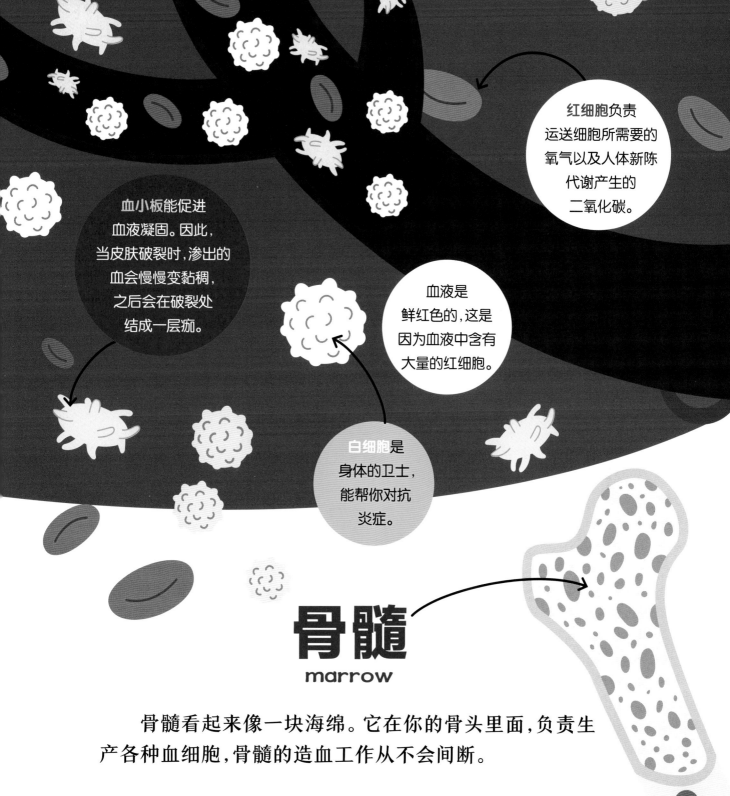

红细胞负责运送细胞所需要的氧气以及人体新陈代谢产生的二氧化碳。

血小板能促进血液凝固。因此，当皮肤破裂时，渗出的血会慢慢变黏稠，之后会在破裂处结成一层痂。

血液是鲜红色的，这是因为血液中含有大量的红细胞。

白细胞是身体的卫士，能帮你对抗炎症。

骨髓
marrow

骨髓看起来像一块海绵。它在你的骨头里面，负责生产各种血细胞，骨髓的造血工作从不会间断。

呼吸系统
respiratory system

在胸廓的保护下，肺会帮助你呼吸。你每时每刻都在呼吸，睡觉的时候也不例外！

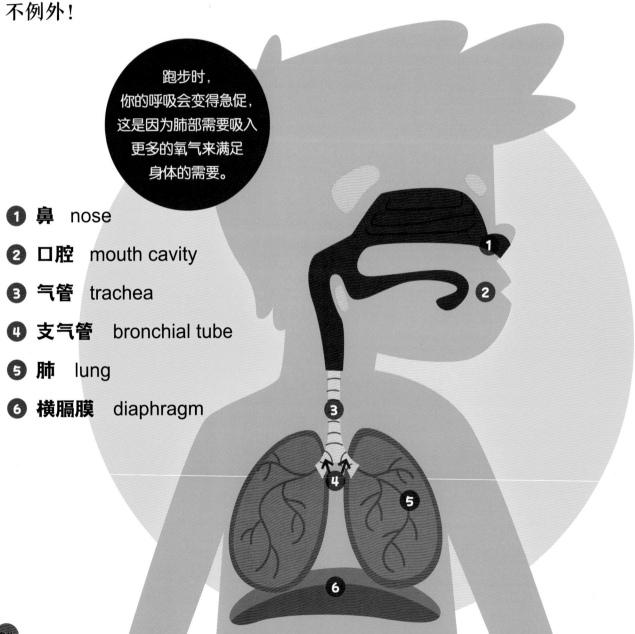

跑步时，你的呼吸会变得急促，这是因为肺部需要吸入更多的氧气来满足身体的需要。

1 鼻　nose

2 口腔　mouth cavity

3 气管　trachea

4 支气管　bronchial tube

5 肺　lung

6 横膈膜　diaphragm

咳嗽时，
你会喷出一种充满
病原体的液体，这些
病原体是通过肺部
喷出的气流排出
体外的。

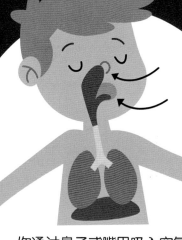

你通过鼻子或嘴巴吸入空气。

呼气时，空气从肺部排出去。

空气进入你的肺部。

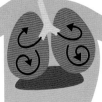

你的肺部膨胀起来。

为了不让
病毒感染周围的人，
咳嗽时要记得用手
捂住口鼻并及时
洗手！

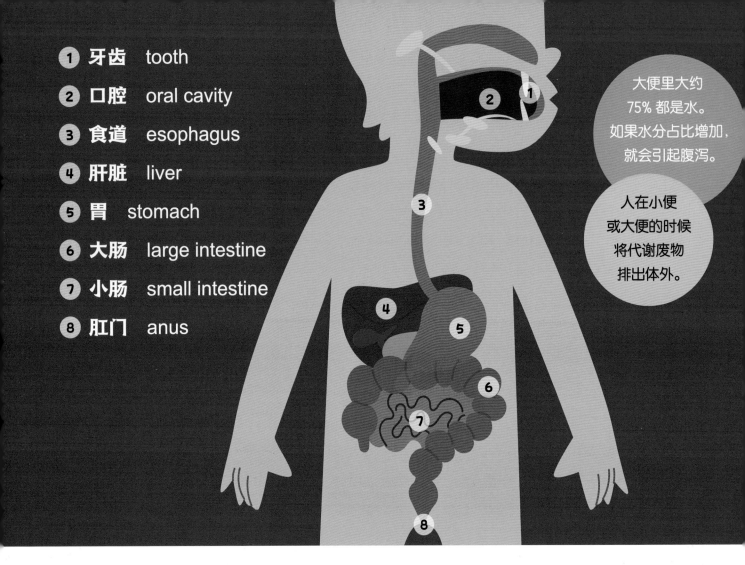

1 **牙齿** tooth

2 **口腔** oral cavity

3 **食道** esophagus

4 **肝脏** liver

5 **胃** stomach

6 **大肠** large intestine

7 **小肠** small intestine

8 **肛门** anus

大便里大约75%都是水。如果水分占比增加，就会引起腹泻。

人在小便或大便的时候将代谢废物排出体外。

消化系统
digestive system

消化系统为你体内的所有细胞提供营养，使你茁壮成长。均衡饮食并多喝水会让消化系统更健康哦。

跟随食物的步伐
去看看消化的过程吧
the digestion process

咬一口苹果，在嘴里嚼一嚼。咀嚼后的苹果被吞咽后，会经过食道，再进入胃里。

苹果进入胃后，会被碾磨。

苹果变成了糊状。

大便的排出标志着消化过程的结束。

免疫系统
immunity system

你的身体生来就能抵抗炎症。

皮肤是保护你的第一道屏障。皮肤上布满了做好战斗准备的有益细菌。

一般情况下，鼻孔中的黏膜可以拦住感冒病毒和细菌的入侵，防止生病。当你打喷嚏或是咳嗽的时候，这些病菌就被赶出去了。

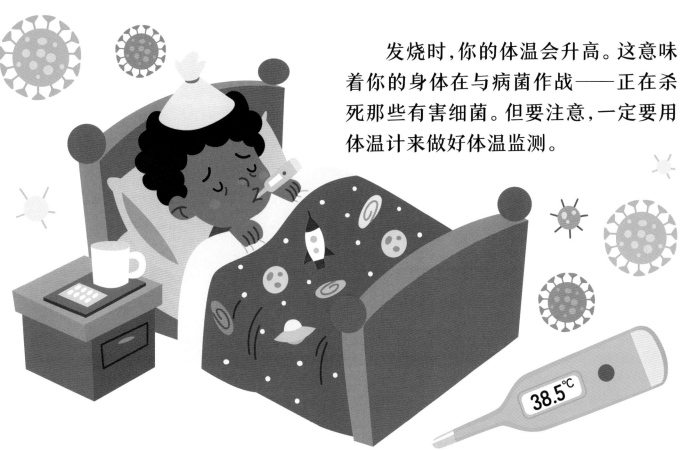

发烧时，你的体温会升高。这意味着你的身体在与病菌作战——正在杀死那些有害细菌。但要注意，一定要用体温计来做好体温监测。

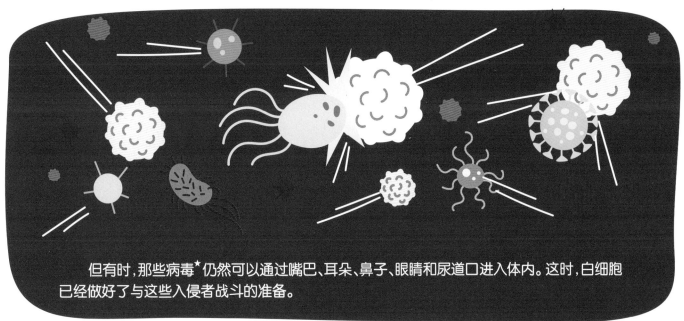

但有时，那些病毒★仍然可以通过嘴巴、耳朵、鼻子、眼睛和尿道口进入体内。这时，白细胞已经做好了与这些入侵者战斗的准备。

健康的习惯
healthy habits

为了保持身体健康，你应该养成好的生活习惯。以下是为了保持健康需要做的事情。

饮食 (diet)

一日三餐认真吃，必要时可以补充点心。

选择新鲜、多样的食物。

保证均衡饮食，要吃水果、蔬菜、肉类、蛋类和全谷物。

卫生 (hygiene)

每天勤洗手。

每天早晚要刷牙。

每天要淋浴或泡澡。

睡眠对于成长来说非常重要。为了维持健康的身体,你要确保每天都有充足的睡眠时间哦。

活动 (activities)

每天坚持体育锻炼。

不要在屏幕前待太长时间。

睡眠时间不要少于8个小时。

对健康有害的行为 (unhealthy behavior)

常吃过甜的饮料和食物。

大量食用油炸食品。

烈日下不擦防晒霜。

大脑
brain

大脑就像身体的电脑，非常复杂。

身体传递给你的所有感觉都是由大脑支配的。大脑会告诉你：你饿了、渴了、困了、热了、冷了，你想要什么，以及你喜欢什么……

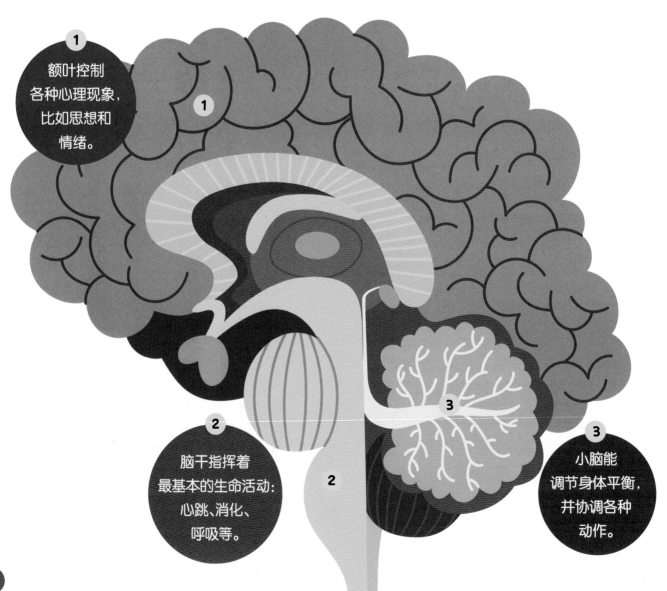

1 额叶控制各种心理现象，比如思想和情绪。

2 脑干指挥着最基本的生命活动：心跳、消化、呼吸等。

3 小脑能调节身体平衡，并协调各种动作。

大脑的两个半球让你可以思考、运动、说话、学习、看东西等。

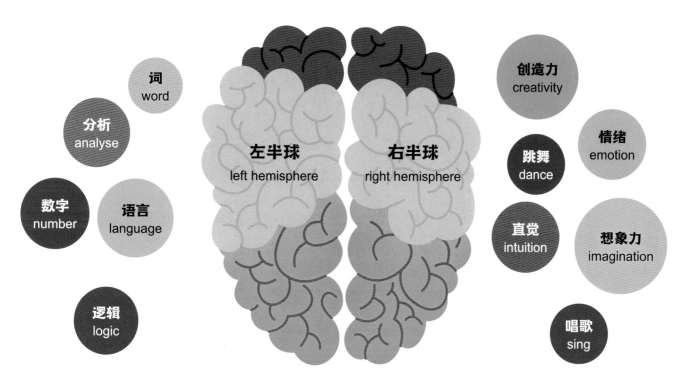

词
word

分析
analyse

数字
number

语言
language

逻辑
logic

左半球
left hemisphere

右半球
right hemisphere

创造力
creativity

跳舞
dance

情绪
emotion

直觉
intuition

想象力
imagination

唱歌
sing

有些大脑的细胞被称为神经元。
神经元有接受、传递和整合信息的功能。

大脑控制着你的每一个动作。

它能帮你记住一些信息，
比如你最喜欢的儿歌。

当你睡觉的时候，大脑的
一些部位依然保持着活跃的
状态。

舌头上有大量接受味觉刺激的感受器——味蕾，能让你识别出你吃的食物是什么。

五感

five senses

感官让你能够感知周围的世界，并向大脑发送信息。人有五感：视觉、听觉、嗅觉、触觉和味觉。你每天都在使用五感，有时甚至都没有意识到这一点！

他 人 大 小 一 二 三

如果没有触觉,你就无法分辨出滚烫的水和寒冷的冰块之间的区别。

视觉能让你看到周围的物体。

你在妈妈肚子里的时候就能听到她的声音了。

嗅觉能让你闻到正在烘焙的蛋糕散发出的香味。

触觉
touch

触觉让你的皮肤能够感受到物品的质地。有了触觉，你可以感知危险。比如，当你碰到一个热的或者尖锐的物品时，神经会向大脑发送信息，让你快速把手移开。

触觉对你的情绪有好处。抚摸毛绒玩具小熊或者宠物会让你平静下来。

你的皮肤有无数个向大脑传输信息的感受器。这些感受器可以辨别出不同物品的质地和触感。

无名指
ring finger

中指
middle finger

小指
little finger

食指
forefinger

拇指
thumb

你知道吗？
know

玫瑰的刺是扎人的。

羽毛是轻柔的。

冰块是凉的。

热水袋是热的。

树皮是粗糙的。

橡皮泥是软的。

视觉
sight

眼睛是视觉器官。一定要爱护自己的眼睛,因为它们能够让你看见周围的世界。

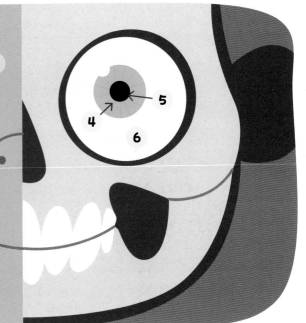

1. **眉毛** eyebrow
2. **眼睑** eyelid
3. **睫毛** eyelash
4. **虹膜** iris
5. **瞳孔** pupil
6. **眼白** the white of the eye

你知道吗？
know

当你眨眼的时候，眼睑会清洁眼角膜，并给它补充水分。

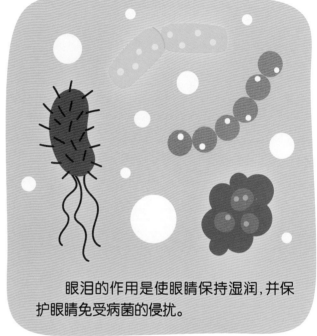

眼泪的作用是使眼睛保持湿润，并保护眼睛免受病菌的侵扰。

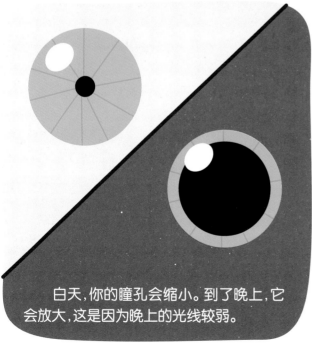

白天，你的瞳孔会缩小。到了晚上，它会放大，这是因为晚上的光线较弱。

佩戴太阳镜可以保护眼睛不受紫外线的伤害。

听觉
hearing

耳朵是听觉器官,能让你听见声音。我们能看见的部分是耳郭,但是我们看不见的内耳部分才是最重要的。

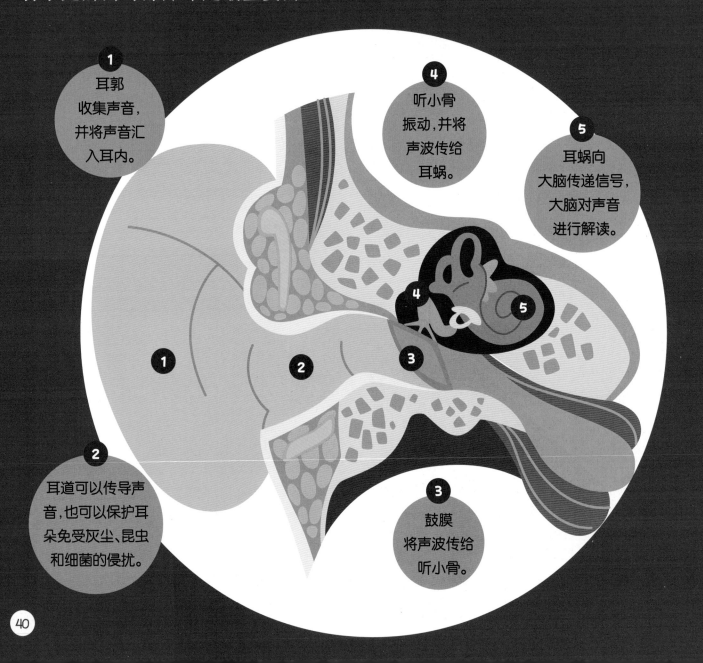

1 耳郭
收集声音,并将声音汇入耳内。

2 耳道可以传导声音,也可以保护耳朵免受灰尘、昆虫和细菌的侵扰。

3 鼓膜
将声波传给听小骨。

4 听小骨
振动,并将声波传给耳蜗。

5 耳蜗向大脑传递信号,大脑对声音进行解读。

你知道吗?
know

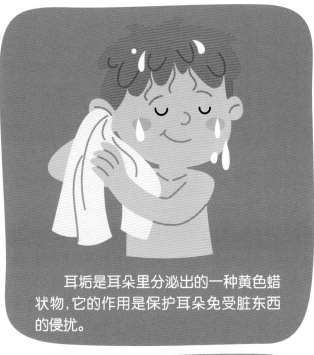

耳垢是耳朵里分泌出的一种黄色蜡状物,它的作用是保护耳朵免受脏东西的侵扰。

听觉能让你感知危险。如果你听到了烟雾报警器的响声,就知道周围可能着火了,要迅速离开。

当你像陀螺一样转圈的时候,耳朵里的液体流动的速度会比平时更快。这就是产生眩晕的原因之一。

当汽车开动,使耳内某个器官受到过度刺激时,你就会出现晕车的症状。

味觉
taste

舌头是味觉器官。它不仅能让你说话，还能让你感知食物的味道。人有4种基本味觉。

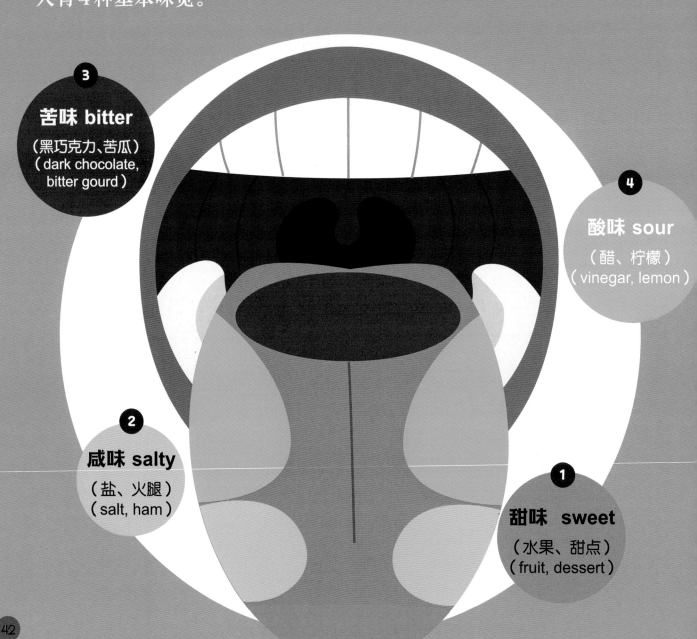

③ 苦味 bitter
（黑巧克力、苦瓜）
（dark chocolate, bitter gourd）

④ 酸味 sour
（醋、柠檬）
（vinegar, lemon）

② 咸味 salty
（盐、火腿）
（salt, ham）

① 甜味 sweet
（水果、甜点）
（fruit, dessert）

你知道吗?
know

母乳的味道会受妈妈吃的食物的影响。

味觉和嗅觉可以共同发挥作用。如果你感冒了,鼻子堵住了,无法闻到食物的香味,就会觉得食物吃起来也没什么味道了。

舌头是一个非常敏感的器官。这就是为什么当你咬到舌头的时候会感到强烈的疼痛。

舌头还能让你分辨出食物的质地和温度。

嗅觉
smell

鼻子是嗅觉器官。我们看见的鼻子是由两块骨头和一些软骨、鼻肌、皮肤组成的。软骨是一种柔软的组织。

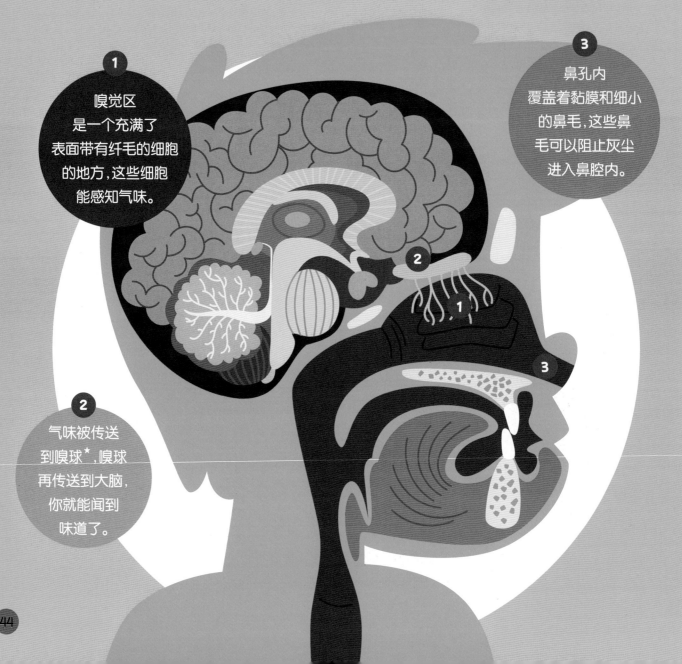

1
嗅觉区是一个充满了表面带有纤毛的细胞的地方，这些细胞能感知气味。

2
气味被传送到嗅球*，嗅球再传送到大脑，你就能闻到味道了。

3
鼻孔内覆盖着黏膜和细小的鼻毛，这些鼻毛可以阻止灰尘进入鼻腔内。

你知道吗？
know

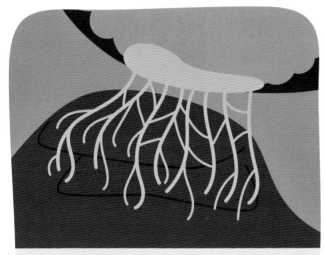

人的大脑可以通过鼻内的嗅觉纤毛感知不同的气味。

嗅觉能帮你感知危险,比如让你闻到呛人的烟雾。

鼻子还能感知到一些其他的糟糕的气味,比如酸臭味,这是在提醒你该去丢垃圾了!

气味与我们的记忆紧密相连。当一朵花的香味飘进你的鼻子里,你也许就能想起一些美好的事情。

情绪
emotion

    一天之中,你可能会产生好几种不同的情绪。情绪是你对发生的事情做出的一系列反应。你的情绪可以在一秒钟之内就发生变化,你甚至可以感受到一些身体上的变化,比如起鸡皮疙瘩、脸红、激动等。

喜悦 joy
你会大笑,高兴得手舞足蹈!

愤怒 anger
你咬牙切齿,愤怒得直跺脚。

恐惧 fear
你蜷成一团,身上起了鸡皮疙瘩。

悲伤 distress
你抱着枕头大哭。

惊讶 surprise
你张大嘴巴,大叫一声。

恶心 sickness
你皱着眉干呕。

共同生活
live together

你周围的小朋友都像你一样！他们也有自己的情绪和梦想，也可以取得巨大的成就。

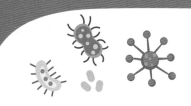

词汇表

基因 (gene)：生物体携带和传递生命信息的最小基本单位。人的基因会决定他的外貌特征。

胚胎 (embryo)：在妈妈身体里发育初期的动物体。

子宫(uterus)：是雌性哺乳动物包括人类孕育胎儿的器官，人类女性的子宫位于膀胱与直肠之间。

胎儿 (fetus)：从怀孕初期到婴儿出生期间的幼体。

细胞 (cell)：组成生命的基本单位，能够繁殖。

青春期 (puberty)：从儿童过渡到青少年的阶段。

细菌 (bacteria)：一种微生物，可以自行分裂繁殖。有对人体健康有益的细菌，也有对人体健康有害的细菌。

色素痣 (pigmented nevus)：是由痣细胞组成的良性新生物。

胸廓 (thorax)：由12块胸椎、12对肋骨、12块肋软骨，以及胸骨组成，呈圆锥形。

病毒 (virus)：一种比细菌更小的微生物。绝大部分病毒会引发疾病。

嗅球 (olfactory bulb)：是端脑皮质的一部分，呈扁卵圆形。